BEI GRIN MACHT SICH IHR WISSEN BEZAHLT

- Wir veröffentlichen Ihre Hausarbeit, Bachelor- und Masterarbeit

- Ihr eigenes eBook und Buch - weltweit in allen wichtigen Shops

- Verdienen Sie an jedem Verkauf

Jetzt bei www.GRIN.com hochladen und kostenlos publizieren

Bibliografische Information der Deutschen Nationalbibliothek:

Die Deutsche Bibliothek verzeichnet diese Publikation in der Deutschen National-
bibliografie; detaillierte bibliografische Daten sind im Internet über http://dnb.d-
nb.de/ abrufbar.

Impressum:

Copyright © 2009 GRIN Verlag, Open Publishing GmbH
Druck und Bindung: Books on Demand GmbH, Norderstedt Germany
ISBN: 9783640523870

Dieses Buch bei GRIN:

http://www.grin.com/de/e-book/139467/wie-werden-gene-an-und-ausgeschaltet-
textgestuetzte-erarbeitung-und-darstellung

Irina Tegethoff

Wie werden Gene an- und ausgeschaltet? Textgestützte Erarbeitung und Darstellung

Lehrprobe Biologie LK 12 Gymnasium NRW

GRIN Verlag

Schriftliches Unterrichtskonzept

Referendar/in: Irina Tegethoff Datum: 09. Juni 2009

Schule:

Klasse/ Kurs: 12 LK

Fach: Biologie

Zeit: 6. Stunde; 12.20 Uhr bis 13.05 Uhr

Raum: Biologie A (1. OG)

Fachlehrer/in:

Fachleiter/in:

Hauptseminarleiter/in:

Ausbildungskoordinator/in:

Thema der Unterrichtseinheit (25. Stunde der Reihe): Molekulare Grundlagen der Vererbung und Entwicklungssteuerung

Thema der Unterrichtsstunde
:

Wie werden Gene an- und ausgeschaltet? Textgestützte Erarbeitung und Darstellung des *lac*-Operon-Modells nach Monod und Jacob.

Thema der vorhergehenden Stunde:

DNA-Reparatur – Selbstschutz der Zelle

Thema der nächsten Stunde:

Wie werden Gene an- und ausgeschaltet? Erarbeitung der Endproduktrepression anhand des Tryptophan-Operons bei E. coli

Zentrales Stundenziel:

Die SuS erklären die Regulation der Genaktivität bei Prokaryoten am Beispiel des *lac*-Operons bei E. coli, indem sie die relevanten Informationen aus einem Informationstext auswählen, ein Modell erstellen und dieses unter Verwendung von Fachsprache präsentieren.

1. Ziele der Stunde

1.1. Zentrales Stundenziel

Die SuS erklären die Regulation der Genaktivität bei Prokaryoten am Beispiel des *lac*-Operons bei E. coli, indem sie die relevanten Informationen aus einem Informationstext auswählen, ein Modell erstellen und dieses unter Verwendung von Fachsprache präsentieren.

1.2. Teilziele im Überblick

<u>1. Stunde:</u>

Die SuS schulen ihre Fähigkeiten im Umgang mit Diagrammen und ihrer Informationsentnahme.

Die SuS beleuchten ein ihnen neues Phänomen vor ihrem Wissenshorizont, erkennen ein Problem und formulieren mögliche Erklärungen in Form von Hypothesen.

Die SuS schulen ihre Fähigkeit, Informationen aus einer Textvorlage zu entnehmen zu ordnen und die Fachbegriffe, die ihnen im weiteren Verlauf ermöglichen, den Unterrichtsgegenstand nachvollziehen zu können, in Form eines Glossars zu verschriftlichen.

Die SuS tauschen sich mit einem Partner über die gewonnenen Informationen aus, klären ggf. Fragen und nehmen Korrekturen vor.

<u>2. Stunde:</u>

Die SuS üben sich in der Anwendung kooperativer Lernformen, im Speziellen des Think-Pair-Share-Verfahrens.

Die SuS bauen ihre Fähigkeit aus, in Gruppenarbeit mithilfe eines Textes ein Modell zu erstellen, das die die Informationen aus dem Text veranschaulicht.

Die SuS lernen, gemeinsam Lösungswege zu finden und zu verfolgen, sowie im Team zu arbeiten, wodurch sie wichtige kommunikative und soziale Kompetenzen erwerben.

Die SuS schulen ihre Fähigkeit, ihre Ergebnisse im Plenum zu präsentieren, gemeinsam zu überprüfen und ggf. zu korrigieren.

Die SuS prüfen ihre zuvor formulierten Hypothesen vor dem Hintergrund des neuen Wissens und formulieren eine abschließende Antwort auf die Ausgangsfrage.

Die SuS üben sich in der Reorganisation ihres Wissens, indem sie die in der Stunde erarbeiteten Ergebnisse in eine schematische Zeichnung übertragen.

2. __Lernvoraussetzungen__

In der Lerngruppe dieses 12-er Leistungskurses hospitiere ich seit den Osterferien 2009. Aufgrund der erst vor kurzem geschriebenen Klausur konnte ich meinen Ausbildungsunterricht in diesem Kurs erst am 05. Juni 2009 beginnen. Daher kenne ich den Kurs noch nicht so gut, kann jedoch den Leistungsstand aufgrund der langen Hospitationsphase realistisch einschätzen.

Die kleine Lerngruppe besteht aus insgesamt 16 SuS und es handelt sich um einen ruhigen, weitestgehend störungs- und auffälligkeitsfreien Kurs. In Bezug auf die Leistungsmotivation und die Qualität der Unterrichtsbeiträge ist der Kurs als sehr heterogen einzustufen. Die Leistungsträger des Kurses bemühen sich stets um eine rege mündliche Teilnahme und zeigen großes Interesse am Fach, während die lernschwächeren SuS sich in der Regel nicht beteiligen und „ihre Zeit absitzen".

Während meiner Hospitationsphase in diesem Kurs habe ich festgestellt, dass den SuS die präzise Formulierung von Sachverhalten unter Verwendung der korrekten Fachterminologie schwer fällt. Auch das eigenverantwortliche Arbeiten und selbstständige Erschließen von Unterrichtsinhalten wird eher selten geübt. Der Unterricht ist meist lehrerzentriert. Dies macht es den ruhigen SuS leicht, sich hinter den anderen zu verstecken und möglichst wenig zum Unterrichtsgeschehen beizutragen.

Um das selbstständige Arbeiten mehr zu fördern und möglichst alle SuS mit einzubeziehen, strebe ich eine stärkere Umsetzung des Konzeptes des kooperativen Lernens nach dem Think-Pair-Share-Verfahren an und habe es auch bereits in den mir zur Verfügung stehenden Stunden umgesetzt. Auch die präzise Verwendung von Fachbegriffen soll in dieser Stunde geübt werden. Aufgrund der geringen Umstellungszeit ist jedoch zu erwarten, dass es einigen SuS schwer fallen wird, sich auf die für sie neue Methode einzulassen. Die für die SuS fremden Gäste der heutigen Stunde könnten außerdem zu einer erhöhten Scheu beitragen.

3. __Einordnung der Stunde in den Reihenkontext__

Für die Jahrgangsstufe 12 sehen die Richtlinien und Lehrpläne für die Sekundarstufe II – Gymnasium/Gesamtschule in Nordrhein-Westfalen für das Fach Biologie das Leitthema „Molekulare Grundlagen der Vererbung und Entwicklungssteuerung"[1] vor.

28.04.2009	Das transformierbare Prinzip - Die Versuche von Avery und Griffith
05.05.2009	Aufbau der DNA
08.05.2009	Verpackung der DNA
09.05.2009	DNA-Replikation
12.05.2009	Aminosäuren – Bausteine der Proteine
15.05.2009	Struktur und Funktion der Proteine
19.05.2009	Enzyme

---

[1] Vgl. Ministerium für Schule und Weiterbildung, Wissenschaft und Forschung des Landes Nordrhein-Westfalen (Hrsg.) (1999): *Richtlinien und Lehrpläne in der Sekundarstufe II – Gymnasium / Gesamtschule in Nordrhein-Westfalen, Biologie*. Frechen: Ritterbach; S. 12.

22.05.2009	Transkription
23.05.2009	Der genetische Code
26.05.2009	Translation
29.05.2009	Klausur
05.06.2009	Kleine Fehler – Große Auswirkungen: Mutationen (am Beispiel der Sichelzellanämie)
06.06.2009	DNA-Reparatur – Selbstschutz der Zelle
09.06.2009	**Genregulation bei E. coli: Das *lac*-Operon-Modell nach Monod und Jacob**
16.06.2009	Genregulation bei E. coli: Endproduktrepression - das *trp*-Operon-Modell

4. Didaktische und methodische Überlegungen

Der Lehrplan Biologie für die Sekundarstufe II für Gymnasien in Nordrhein-Westfalen schreibt das Leitthema „Molekulare Grundlagen der Vererbung und Entwicklungssteuerung"[2] vor, welches in der Qualifikationsphase zu behandeln ist. Das schulinterne Curriculum der Otto-Kühne-Schule empfiehlt die Auseinandersetzung mit diesem Leitthema in der Jahrgangsstufe 12.

Im Bereich III des Lehrplans Biologie wird zudem die Erweiterung der Fachkompetenz durch „das Erstellen von und der Umgang mit Schemata und Modellen (z.B. Jacob-Monod-Modell zur Genregulation)"[3] gefordert. Das in dieser Stunde eingesetzte Modell zur Genregulation bei E. coli (Puzzle-Modell im Tischformat und im Großformat für die Sicherung an der Stellwand) wurde aus diesem Grund für die Vermittlung des Wissens um das *lac*-Operon gewählt.

In den Vorgaben für die zentralen schriftlichen Abiturprüfungen im Jahr 2010 wird die „Regulation der Genaktivität am Beispiel der Prokaryoten (Operon-Modell im Zusammenhang mit Stoffwechselaktivitäten bei Bakterien)"[4] als inhaltlicher Schwerpunkt vorausgesetzt.

Ein direkter Bezug der Sachinhalte zum Alltag der SuS ist nur bedingt gegeben, da ihnen in ihrer Lebenswirklichkeit der Stoffwechsel und die Genexpression bei Bakterien nicht bewusst begegnet. Die Genexpression gewinnt erst an Bedeutung, wenn sie in Zusammenhang mit Gentechnologie und dem Einsatz transgener Organismen in der Forschung, Wirtschaft, Lebensmittelherstellung und Medizin erkennbar wird. Dieses Themenfeld wird daher in den folgenden Stunden vertieft.

Der **Schwerpunkt der heutigen Stunde** liegt demzufolge im Umgang mit Modellen und dem selbstständigen Lernen und Erarbeiten des Unterrichtsgegenstandes. Viele Sachzusammenhänge, vor allem in der Molekularbiologie werden erst durch modellhaftes Betrachten verständlich. Die Entwicklung und Anwendung solcher

---

[2] Ebd., S. 12.

[3] Ebd., S. 24.

[4] Vgl. Ministerium für Schule und Weiterbildung, Wissenschaft und Forschung des Landes Nordrhein-Westfalen (2007): *Vorgaben zu den unterrichtlichen Voraussetzungen für die schriftlichen Prüfungen im Abitur in der gymnasialen Oberstufe im Jahr 2010*; S. 2.

Modellvorstellungen schult das abstrakte Denkvermögen und erfordert eine kreative Vorgehensweise.[5]

Der **Einstieg in die erste Doppelstunde** erfolgt über das Diagramm „Zweiphasiges Wachstum einer E. coli Kultur". Die SuS schulen ihre Fähigkeit, Informationen aus einem Diagramm zu entnehmen. Sie müssen an ihr Vorwissen anknüpfen, um das aufgeworfene Problem selbstständig zu erkennen und zu formulieren. Die Formulierung von Hypothesen soll dazu dienen, dass die SuS die Fragestellung der Stunde während der Erarbeitungsphase nicht aus dem Auge verlieren.

Die **Erarbeitung** des Unterrichtsgegenstandes erfolgt zunächst mittels eines Informationstextes. Die Komplexität des *lac*-Operon-Modells macht das Nachvollziehen seiner Eigenschaften und Funktionsweise relativ schwierig, so dass mir der Zugang über einen Text geeignet erschien. Der Informationstext ist daher absichtlich in einer sehr verständlichen Sprache und Ausdruckweise mit Wiederholungen verfasst. Die SuS lernen hier bereits die wichtigsten Begriffe kennen, die sie später für die Erstellung des Modells und der Zeichnung benötigen. Das Fachvokabular bildet die Grundlage dieser und der folgenden Stunden, da im Anschluss die Endproduktrepression anhand des Tryptophan-Operons behandelt werden soll, und ist daher von besonderer Bedeutung. Aus diesem Grund sollen die SuS ein Glossar anfertigen, das ihnen die Strukturierung der neuen Informationen erleichtern soll und auf das sie auch in den folgenden Stunden immer wieder zurückgreifen können.

Die Erarbeitung des Unterrichtsgegenstandes nach dem Think-Pair-Share-Verfahren fördert sowohl das selbstständige Lernen, als auch die Erledigung von Arbeitsaufgaben im Team. Sollten auch nach dem Austausch mit dem Partner noch Fragen oder Unklarheiten in Bezug auf das Glossar bestehen, haben die SuS die Möglichkeit, ihr Ergebnis mit dem Lösungsblatt zu vergleichen, welches auf dem Lehrerpult bereitliegt.

In der **zweiten Doppelstunde** werden vier Dreier- und eine Vierer-Gruppe gebildet. Jede Gruppe bekommt einen mehrteiligen Bausatz des *lac*-Operon-Modells aus Pappe, welches den SuS als Hilfsmittel dienen soll, die Informationen aus dem Text zu visualisieren und so den neuen Unterrichtsgegenstand zu verstehen. Die Übertragung von Informationen aus einer Darstellungsform in eine andere erleichtert Denkprozesse und fördert das Lernen. Außerdem findet das Prinzip der Anschaulichkeit[6] seine Anwendung. Durch den Einsatz der Modelle wird ein multisensorischer Zugang zur Genregulation bei Prokaryoten ermöglicht, da die komplexen molekularbiologischen Vorgänge – didaktisch reduziert - für die SuS „greifbar" werden.

Die Fokussierung des verwendeten Funktionsmodells auf bestimmte strukturelle Merkmale des *lac*-Operons soll das Verständnis des Originals erleichtern und den Blick für den Gegenstand selbst schärfen.[7] Die didaktische Reduktion des Gegenstandes ist daher gerechtfertigt. So werden die von den Strukturgenen codierten Enzyme nicht näher benannt und im Modell als ein zusammenhängender

---

[5] Vgl. Ministerium für Schule und Weiterbildung, Wissenschaft und Forschung des Landes Nordrhein-Westfalen (Hrsg.) (1999): *Richtlinien und Lehrpläne in der Sekundarstufe II – Gymnasium / Gesamtschule in Nordrhein-Westfalen, Biologie.* Frechen: Ritterbach; S. 6.
[6] Vgl. Spörhase-Eichmann, Ruppert (2004): S. 124 ff.
[7] Vgl. Killermann, Hiering, Starosta (2005): S. 168.

Komplex dargestellt, um das Modell durch eine zu hohe Anzahl an Einzelteilen nicht zu überladen.

Modelle weisen zudem weitere Vorteile auf. So steigern sie das Lerninteresse und fördern die Motivation, da sie Abwechslung in das unterrichtliche Geschehen bringen. Sie dienen dem forschenden Lernen, indem die SuS das Modell selbst in die Hand nehmen und damit umgehen. Es werden sowohl der taktile als auch der visuelle Sinn angesprochen. Da die SuS die Funktionsweise des Modells selbstständig entwickeln, ist eine intensive Auseinandersetzung mit dem Gegenstand zu erwarten.[8]

Die Modellkritik wird in der nächsten Doppelstunde erfolgen, da das Modell auch zur Erarbeitung des Tryptophan-Modells herangezogen werden soll und die Modellkritik dann auf direkt auf beide Modelle übertragen werden kann. Es ist wichtig, den Bezug zum Original herzustellen und dieses dem Modell gegenüberzustellen. Die SuS sollen die am Modell gewonnenen Erkenntnisse wieder auf die Realität übertragen und die Stärken und Schwächen des Modells erfassen. An dieser Stelle kann auch auf die didaktische Reduktion des Modells in Bezug auf die Lactose-abbauende Enzyme eingegangen werden.

In der **Sicherungs- und Reflexionsphase** präsentieren die SuS das von ihnen erarbeitete *lac*-Operon-Modell mithilfe eines großen Modells an der Vlies-Stellwand. Dabei sollen die einzelnen Modellteile auch mit den zugehörigen Fachbegriffen versehen werden. Alle SuS können so die in ihrer Gruppe erarbeiteten Ergebnisse überprüfen und gegebenenfalls Fragen stellen oder Korrekturen vornehmen. Die SuS erhalten außerdem die Möglichkeit, ihre zuvor formulierten Hypothesen zu überprüfen und einen Antwortsatz auf die Leitfrage der Stunde zu äußern.

Als **didaktische Reserve** dient ein kurzer Film[9] über das *lac*-Operon, in dem die Vorgänge in neuer Form und detailliert für die SuS zugänglich gemacht werden. Der Film ist in englischer Sprache, aber aufgrund der Kenntnisse, die die SuS in der Stunde gewonnen haben, sollte dies kein Hindernis darstellen. Filme ermöglichen durch den Einschluss von Bewegung eine weitere Beobachtungsdimension. Die modellhafte Darstellung in Form einer Videosequenz unterstützt anschaulich die zusammenfassende Wiederholung des komplexen Vorgangs der Genregulation. Audiovisuelle Medien sind besonders geeignet, wenn die SuS auf der affektiven Ebene angesprochen werden sollen. Die emotionalen Eindrücke eines Videos bleiben über einen langen Zeitraum stabil.[10]

In der **Hausaufgabe** reorganisieren die SuS das in dieser Stunde erarbeitete Wissen, indem sie zwei schematische Zeichnungen zum *lac*-Operon erstellen, in Anwesenheit und in Abwesenheit von Lactose. Optional kann die Zeichnung auch in der Stunde angefertigt werden, falls einige Gruppen schneller fertig sind als erwartet.

---

[8] Vgl. Eschenhagen, Kattmann, Rodi (2003): S.336 f.
[9] http://vcell.ndsu.edu/animations/lacOperon/movie-flash.htm (Zugriff am: 03.06.2009)
[10] Vgl. Bovet (2008): S. 165.

5. <u>Literatur</u>

Bovet, Gislinde & Huwendiek, Volker (Hrsg.) (2008): *Leitfaden Schulpraxis – Pädagogik und Psychologie für den Lehrerberuf.* Berlin: Cornelsen.

Eschenhagen, Dieter; Kattmann, Ulrich & Rodi, Dieter   (2003): *Fachdidaktik Biologie.* Köln: Aulis Verlag.

Killermann, Wilhelm, Hiering, Peter & Starosta, Bernhard (2005): *Biologieunterricht heute.* Donauwörth: Auer Verlag.

Ministerium für Schule und Weiterbildung, Wissenschaft und Forschung des Landes Nordrhein-Westfalen (Hrsg.) (1999): *Richtlinien und Lehrpläne in der Sekundarstufe II – Gymnasium / Gesamtschule in Nordrhein-Westfalen, Biologie.* Frechen: Ritterbach.

Ministerium für Schule und Weiterbildung, Wissenschaft und Forschung des Landes Nordrhein-Westfalen (2007): *Vorgaben zu den unterrichtlichen Voraussetzungen für die schriftlichen Prüfungen im Abitur in der gymnasialen Oberstufe im Jahr 2010.*

Spörhase-Eichmann, Ulrike & Ruppert, Wolfgang (Hrsg.) (2004): *Biologie-Didaktik.* Berlin: Cornelsen Verlag.

Seminar: Bonn **Referendarin:** Irina Tegethoff
Datum: 09.06.2009, 6. Stunde
Schule:
Stufe: 12 Leistungskurs

<u>Verlaufsplan</u>
Thema (Gegenstand/Betrachtungsaspekt): Wie werden Gene an- und ausgeschaltet? Textgestützte Erarbeitung und Darstellung des *lac*-Operon-Modells nach Monod und Jacob.

Zentrales Stundenziel: Die SuS erklären die Regulation der Genaktivität bei Prokaryoten am Beispiel des *lac*-Operons bei E. coli, indem sie die relevanten Informationen aus einem Informationstext auswählen, ein Modell erstellen und dieses unter Verwendung von Fachsprache präsentieren.

Phase	Inhalt / Methode	Sozial- / Arbeitsform	Medien	Didaktischer Kurzkommentar
Einstieg	Diagramm „Zweiphasiges Wachstum einer E. coli Kultur"	Plenum, UG	Folie / OHP	SuS beschreiben und deuten den Kurvenverlauf; Anknüpfung an Vorwissen; Aufwerfen eines Problems; SuS üben ihre Fähigkeit, Informationen aus einem Diagramm zu gewinnen
Problemfindung und Hypothesen- bildung	Wie können Gene an- und ausgeschaltet werden?	Plenum, UG	Tafel	Festhalten der Fragestellung sowie der Hypothesen an der Tafel; SuS wenden ihr Wissen über Enzyme und deren Produktion an
Erarbeitung I	Das *lac*-Operon Modell nach Monod und Jacob (Texterarbeitung)	EA	Arbeitsblatt	Think-Pair-Share SuS lesen den Informationstext und erstellen ein Glossar zu den Fachbegriffen.
		PA		SuS vergleichen ihr Glossar mit dem Partner und klären Fragen.
PAUSE				

Erarbeitung II	Übertragung der Informationen aus dem Text in ein Modell	GA	Puzzle-Modell	SuS erarbeiten das *lac*-Operon-Modell, indem sie seine Funktionsweise mithilfe eines Puzzle-Modells nachvollziehen.
Sicherung und Reflexion	Präsentation der Ergebnisse und Hypothesenauswertung	S-Vortrag	großes Puzzle Stellwand	SuS puzzeln das Modell an der Stellwand und erläutern dabei seine Funktionsweise. SuS bewerten ihre Hypothesen vor dem Hintergrund der neugewonnenen Erkenntnisse.
Didaktische Reserve / Hausaufgabe	Video zum *lac*-Operon-Modell	Film	DVD	Die Vorgänge am *lac*-Operon werden den SuS durch die Abfolge bewegter Bilder deutlich.
	Erstellen je einer schematischen Zeichnung in Anwesenheit und in Abwesenheit von Lactose	EA	Arbeitsheft	SuS reflektieren die in der Stunde erarbeiteten Ergebnisse, indem sie eine schematische Zeichnung erstellen.

Wachstum einer Bakterienkultur von E. coli auf unterschiedlichen Medien

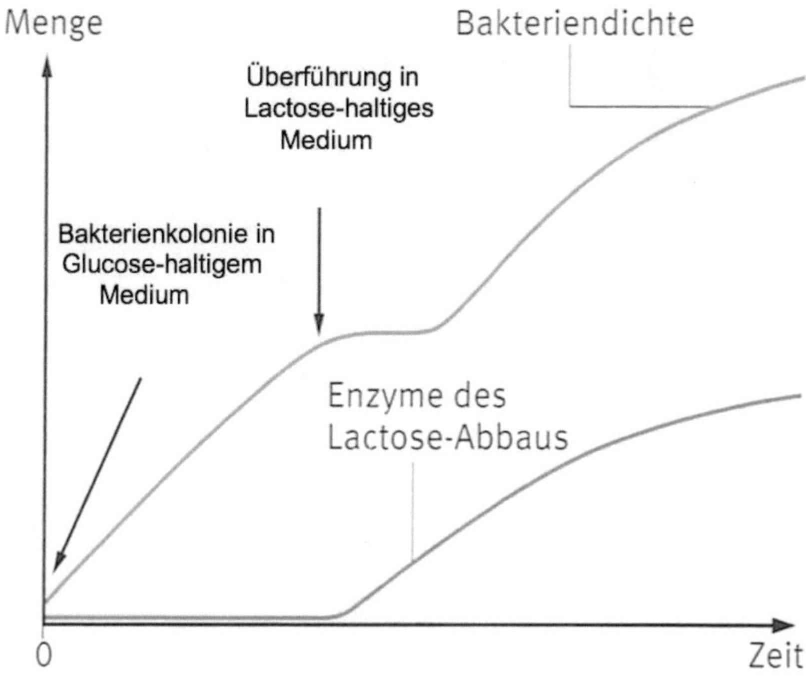

Wie werden Gene an und abgeschaltet?

Das Darmbakterium *Escherichia coli* findet in seiner Umgebung vor allem den Zucker Glucose vor und stellt alle Enzyme her, die zu seiner Verwertung nötig sind. Enzyme zur Verarbeitung anderer Zucker werden nicht produziert. Überführt man solche Bakterien in ein Nährmedium, das anstelle von Glucose Lactose enthält, beginnen sie nach kurzer Verzögerung dieses Disaccharid als Energiequelle zu nutzen. Es sind offensichtlich Regulationsmechanismen vorhanden, die es ermöglichen, kurzfristig auf veränderte Umweltbedingungen zu reagieren, indem bestimmte Gene an- oder abgeschaltet werden.

Im Jahre 1961 entwickelten die Forscher FRANÇOIS JACOB und JACQUES L. MONOD[11] das **Operon-Modell**, mit dem sie die Genregulation bei Prokaryoten, also die Vorgänge beim Aus- und Anschalten von Genen, veranschaulichen konnten. Für diese Arbeit erhielten sie im Jahr 1965 den Nobelpreis für Medizin.

Abb. 1

Bei ihren Versuchen haben sie dem Bakterium *Escherichia coli* verschiedene Kohlenhydrate als Energiequelle angeboten und untersuchten anschließend, ob und wie diese Kohlenhydrate verwertet wurden.

Dabei zeigte sich, dass die Enzyme für den Lactose-Abbau nur dann in den Zellen synthetisiert wurden, wenn Lactose auch tatsächlich zur Verfügung stand. Daraus konnte geschlossen werden, dass die Lactose selbst die Synthese dieser Enzyme induzierte. Demzufolge musste die Lactose eine Wirkung auf die DNA haben, da sie offenbar die Expression der jeweiligen Gene beeinflusste.

Solche Gene, die nur bei Bedarf an- oder abgeschaltet werden, nennt man **regulierte Gene**. Gene, die hingegen ständig transkribiert werden, bezeichnet man als konstitutive Gene.

E. coli benötigt drei Enzyme, um Lactose aus der Umgebung aufspalten und weiter verwerten zu können. Die Enzyme für den Lactose-Abbau werden von drei Strukturgenen codiert, die unmittelbar nebeneinander auf der DNA liegen. Als **Strukturgene** werden nur solche Gene bezeichnet, die für Enzyme und andere spezifische Polypeptide codieren.

Den drei Strukturgenen ist in 3'-Richtung ein **Promotor** vorgeschaltet, der als Anheftungsstelle für die RNA-Polymerase dient. Der Promotor ist also der Startpunkt der Transkription. Da den drei Strukturgenen nur dieser eine gemeinsame Promotor vorgeschaltet ist, werden alle drei zwangsläufig unmittelbar nacheinander transkribiert. Sie bilden also eine sogenannte **Transkriptionseinheit**.

Zwischen dem Promotor und den Strukturgenen für den Lactose-Abbau ist ein DNA-Abschnitt zwischengeschaltet, der als **Operator** bezeichnet wird. Dieser Operator erfüllt die Funktion einer Andockstelle, an die ein **Repressor** gebunden werden kann.

Noch weiter stromaufwärts (in 3'-Richtung) auf der DNA befindet sich das **Regulatorgen**. Dieses Regulatorgen wird ständig transkribiert, ist also konstitutiv. Sein Genprodukt ist der **Repressor,** der zentrale Schalter des Operon-Modells.

Der **Repressor** ist ein Protein, das in zwei verschiedenen Formen vorkommen kann, die sich in ihrer räumlichen Struktur unterscheiden.

In Abwesenheit von Lactose ist der *lac*-Repressor aktiv. In dieser aktiven Form bindet er an den Operator. Ist der Repressor nun an dieser Position zwischen dem Promotor und seinen Genen gebunden, wirkt er wie eine Schranke für die RNA-Polymerase, die so an der Transkription der Strukturgene gehindert wird.

---

[11] Abb. 1: F. Jacob (links) und J. Monod (rechts); http://www.pasteur.fr/ip/easysite/go/03b-00000j-0g2/institut-pasteur/musees/phototheque-historique

Dringt jedoch Lactose ins Zellinnere ein, wird das *lac*-Operon aktiviert. Man spricht von einer Substratinduktion. Lactosemoleküle lagern sich an den Repressor an und bewirken eine Veränderung seiner Raumstruktur. Daraufhin löst sich der nun inaktive *lac*-Repressor vom Operator ab. Da der DNA-Abschnitt zwischen Promotor und Strukturgenen nun frei ist, kann die Transkription durch die RNA-Polymerase erfolgen.

Lactose wird durch β-Galactosidase, eines der drei translatierten Enzyme, in die Monosaccharide Glucose und Galactose gespalten. Sinkt die Lactose-Konzentration in der Zelle, löst sich die an den Repressor gebundene Lactose ab, der daraufhin wieder an den Operator binden kann und die Expression stoppt.

Der Promotor und der Operator bilden gemeinsam die Kontrollregion einer Transkriptionseinheit. Der DNA-Abschnitt, der den Promotor, den Operator und die Strukturgene umfasst, wird als **Operon** bezeichnet.

Arbeitsauftrag:

1. Lesen Sie den Informationstext sorgfältig durch und legen Sie ein Glossar an, in dem Sie die Eigenschaften und Funktionsweisen der fett gedruckten Begriffe anführen und erläutern.

2. Vergleichen Sie Ihr Glossar mit dem Ihres Sitznachbarn. Korrigieren Sie ggf. Ihre Ausführungen.

3. Vollziehen Sie in Gruppen die Funktionsweise des *lac*-Operon-Modells nach, indem Sie mithilfe der Puzzle-Teile das Modell nachbauen.

4. Bereiten Sie mit einem Partner einen Vortrag zur Funktionsweise des Operon-Modells vor. Achten Sie auf eine sachlogische Reihenfolge und die korrekte Verwendung der Fachbegriffe.

5. Präsentieren Sie die Funktionsweise des Operon-Modells an der Stellwand mithilfe des großen Puzzle-Modells.

6. Erstellen Sie je eine schematische Zeichnung des Modells
   a) in Abwesenheit und
   b) in Anwesenheit von Lactose.

Fachbegriffe:

Das *lac*-Operon-Modell

Regulierte Gene	werden nur bei Bedarf transkribiert; die Transkription dieser Gene muss induziert werden
Strukturgene	codieren für Enzyme und andere spezifische Proteine; sind nicht an der Regulation des Transkriptionsprozesses selbst beteiligt
Promotor	DNA-Abschnitt, der als Anheftungsstelle für die RNA-Polymerase und Startpunkt für die Transkription dient
Transkriptionseinheit	zwei oder mehr Gene, die einen gemeinsamen Promotor haben und daher zwangsläufig gemeinsam transkribiert werden
Operator	DNA-Abschnitt zwischen einem Promotor und seinen Strukturgenen; der Operator ist die Anheftungsstelle für einen Repressor
Regulatorgen	ein konstitutives Gen, das für einen Repressor codiert
Repressor	ein Protein, dass in zwei verschiedenen Formen vorkommen kann; in der aktiven Form bindet der Repressor an den Operator und verhindert dadurch die Transkription der folgenden Strukturgene; im inaktiven Zustand löst sich der Repressor vom Operator und die Transkription kann erfolgen
Operon	DNA-Abschnitt, der einen Promotor, einen Operator und Strukturgene umfasst
Operon-Modell	Modell zur Veranschaulichung der Vorgänge, bei denen die Transkription von Genen reguliert wird

THINK – PAIR – SHARE

1. Lesen Sie den Informationstext sorgfältig durch und legen Sie ein Glossar an, in dem Sie die Eigenschaften und Funktionsweisen der fett gedruckten Begriffe anführen und erläutern.

2. Vergleichen Sie Ihr Glossar mit dem Ihres Sitznachbarn. Korrigieren Sie ggf. Ihre Ausführungen.

3. Vollziehen Sie in Gruppen die Funktionsweise des *lac*-Operon-Modells nach, indem Sie mithilfe der Puzzle-Teile das Modell nachbauen.

4. Bereiten Sie mit einem Partner einen Vortrag zur Funktionsweise des Operon-Modells vor. Achten Sie auf eine sachlogische Reihenfolge und die korrekte Verwendung von Fachbegriffen.

5. Präsentieren Sie die Funktionsweise des Operon-Modells an der Stellwand mithilfe des großen Puzzle-Modells.